江戸に学ぶ 1の巻

江戸のびっくり
省エネ生活

監修：石川英輔

もくじ

エコでござる 江戸に学ぶ 1の巻

江戸のびっくり 省エネ生活

- 4 はじめに

第1章

- 5 **江戸の人びとのくらしはとっても省エネ!**
- 6 長屋ってどんなところ?
  せまくても、くふうで楽しい、長屋ぐらし!
- 8 えっ、電気もガスもないの!?
  長屋の台所をのぞいてみよう!
  チャレンジ道場ミニ みかんの皮を干してみよう!
- 10 あれれ、おふろもないの!?
  江戸の人びとはきれい好き!
  おばあちゃんに聞いてみよう
- 12 へえ〜、太陽といっしょにくらすんだ!
  江戸のくらしは、おてんとうさまとともに!
  おじいちゃんに聞いてみよう
- 14 **チャレンジ道場** 江戸流エコぐらし
  太陽とともにくらしてみよう
  電灯もテレビもつけずに夜をすごしてみよう
  最後まで使いきるくふうをしてみよう
- 16 まとめでござる

第2章

17 江戸はまるごと省エネ構造!

18 わあ、町がすずしそう!
エアコンなしだって、暑さ寒さもなんのその!
チャレンジ道場ミニ　エアコンのスイッチを入れる前に

20 えっ! 産地が近いと省エネになる!?
江戸の人びとは元祖「地産地消」だった!
チャレンジ道場ミニ　産地をチェック!

22 すべては太陽エネルギー?
人力の源は太陽エネルギー!

24 **チャレンジ道場　江戸流エコぐらし**
江戸のべんりモノ、手ぬぐいを使ってみよう
地元でとれる物を調べてみよう、食べてみよう
1時間歩いたらどこまでいける?

26 **まとめでござる**

第3章

27 省エネ生活はじめの一歩!

28 今の自分にできることは?
持っている物は最後まで使う
水道の水を出しっぱなしにしない
エネルギーをむだにしない
自然や身近にある物を大いに利用する
◆環境を調べるのに役立つウェブサイト

30 **おまけでござる　お江戸クイズ**

31 **まとめでござる**

はじめに

みなさんは、「エコ」「省エネ」などという言葉を聞いたことがあるはずです。「エコ」は英語のエコロジーを短くした言葉で、今では「自然にとって良いこと」の意味に使っています。「省エネ」は、電気、ガス、石油などの「エネルギー消費をできるだけ減らす」という意味です。

今はとても便利な時代です。昔はどこへ行くにも歩くほかありませんでしたが、今では家の前から自動車に乗って出かけるのもあたりまえになりました。昔は洗濯は手で洗いましたが、今では洗濯機で洗います。ほとんど体を動かさずにいろいろなことができるのは楽ですが、こういう生活をするためにはたくさんのエネルギーが必要です。そのため、地球の温暖化が進んだり、人は運動不足で生活習慣病にかかるなど、いろいろ困ったことが起きています。

ところが、電気もガスも石油もなかった江戸時代は、世界一の大都市である江戸に住む人びとでさえ、ほとんどエネルギーを使わない徹底した省エネぐらしをしていました。今から見れば不便な生活でしたが、江戸の人びとにとってはそれがあたりまえなので不便と感じることはなく、平気でくらしていました。

石川英輔

長屋の入口。
多くの行商人などが出入りし、江戸の町の活気が伝わってくる。
(『浮世床』より)

第1章
江戸の人びとのくらしはとっても省エネ!

江戸時代の人びとのくらしぶりを知ったら、きっと、みんなびっくりするでしょう。さあ、江戸のくらしをのぞいてみよう!

長屋ってどんなところ？

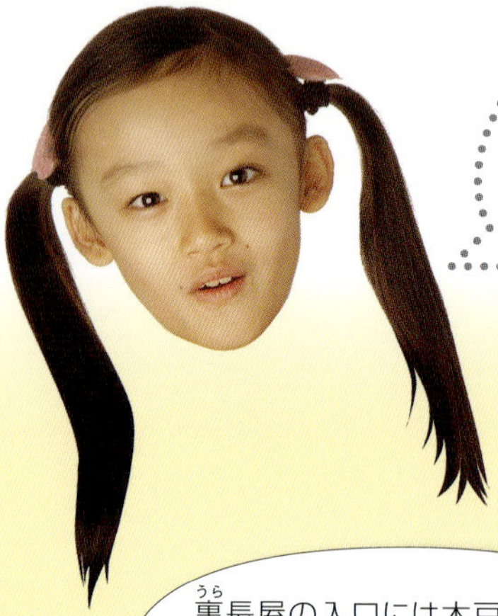

裏長屋の入口には木戸があり、木戸は大家が夜の10時ごろしめ、朝の6時ごろあけます。

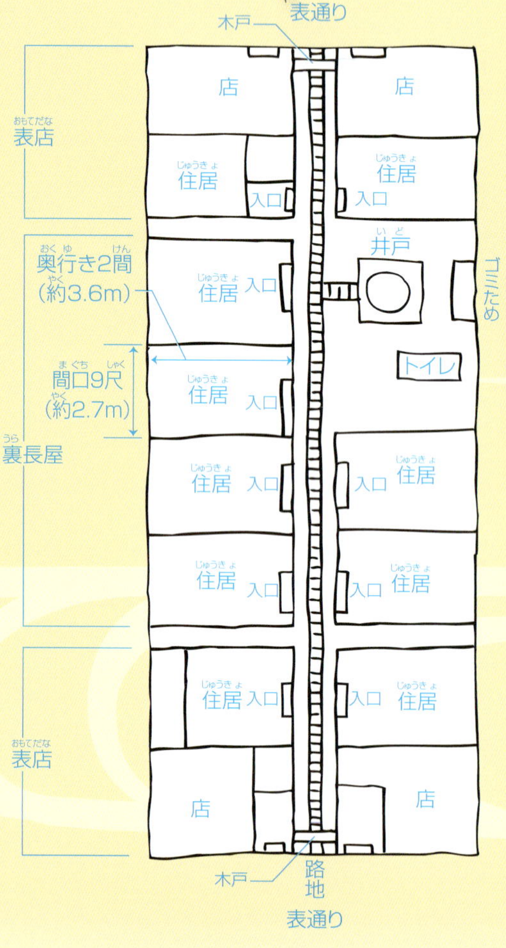

表通り
木戸
店
店
表店
住居
入口
住居
入口
井戸
ゴミため
奥行き2間（約3.6m）
住居
入口
トイレ
間口9尺（約2.7m）
住居
入口
裏長屋
住居
入口
入口
住居
住居
入口
入口
住居
住居
入口
入口
住居
表店
店
店
木戸
路地
表通り

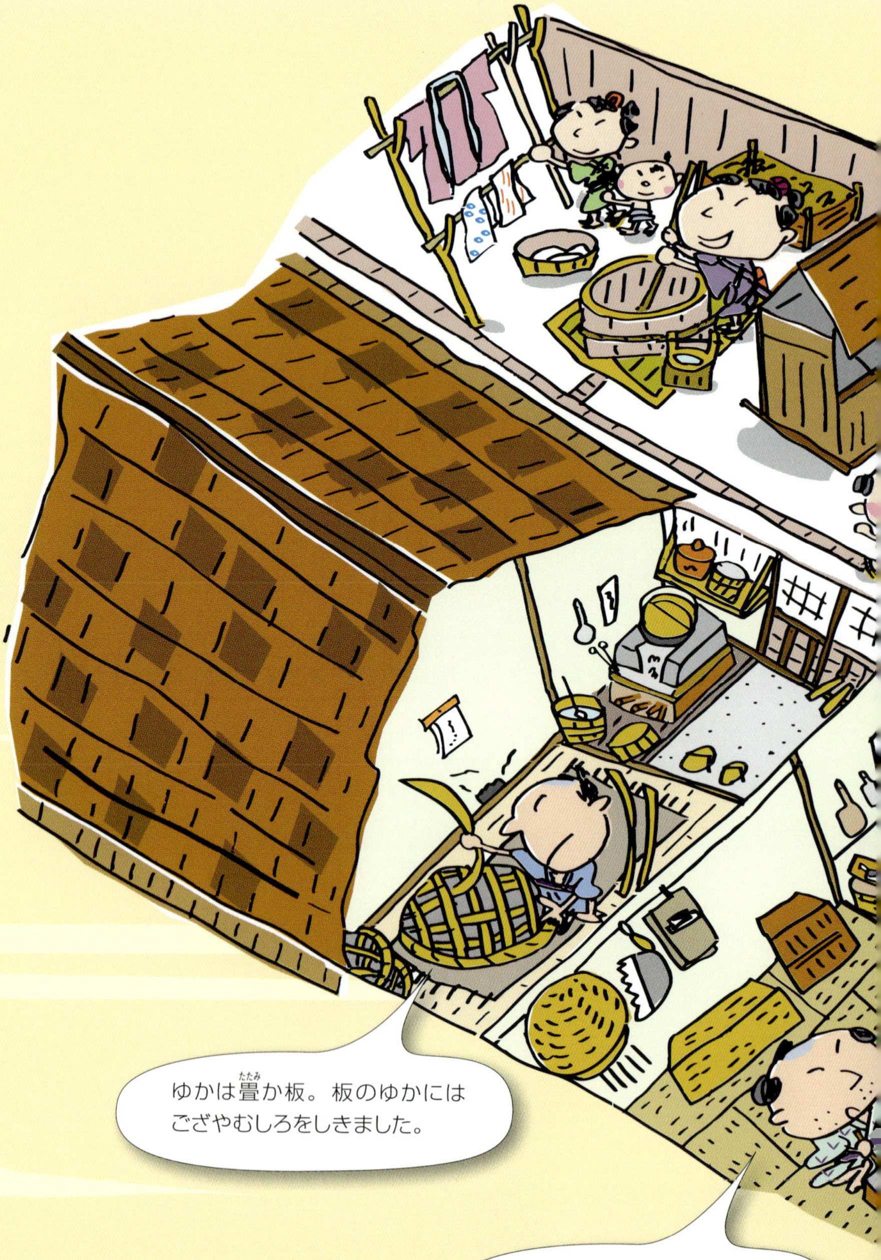

ゆかは畳か板。板のゆかにはござやむしろをしきました。

裏長屋の1けんぶんは、ほとんどが1部屋きりでした。

ミニじてん

【江戸時代】徳川家康が江戸に幕府を開いた1603年から1867年まで。徳川時代ともいう。【大家】やとわれて借家の管理をした人で、長屋の人びとのめんどうもみた。【間口】家の前面の幅。入口から奥までの長さを奥行きという。【かまど】土や石でできた煮炊きをする道

せまくても、くふうで楽しい、長屋ぐらし！

トイレや井戸はみんなが共同で使うため、外にありました。

長屋には、店と住居の表店と、裏長屋があり、ここは裏長屋です。

外と室内の間は障子や板戸です。

台所には、かまど（または七輪）と流しはありますが、ガスや水道はなく、水は外の井戸でくみ、おけやかめに入れておいて使いました。

●長屋は江戸のふつうの人びとの家

江戸時代も終わりに近づいた1800年ごろのことです。あまり収入の多くないふつうの人びとは、長屋といわれる借家でくらしていました。長屋の表通りに面した側は店と住居になっていて、表店あるいは表長屋とよばれ、人びとは大家から借りて住み、商売をしました。表店の裏には裏長屋という住居があり、職人や日やとい、行商人、家で仕事をする人など、さまざまな職業の人びとがくらしました。1日ぶんの家賃は、そば1杯程度の金額でした。

●ひとつの部屋を何とおりにも使う

裏長屋は、「九尺二間」とよばれていました。間口が9尺（約2.7m）、奥行きが2間（約3.6m）というサイズをあらわしています。実際は、奥行き3間（約5.4m）のものもかなりありました。入口の戸をあけると、台所があり、その先に1部屋あるだけ。そこで1家族がくらしました。寝るのも、食べるのも、遊ぶのも、仕事をするのも、すべて同じ部屋。となりの家との間はうすいかべ1枚です。トイレと井戸はそれぞれの家にはなく、裏長屋のみんなが共同で使いました。

今とくらべると、せまいし、ふべんに思えますが、長屋の人びとは助け合い、くふうしながら、その日その日を楽しんでくらしていました。

具。燃料はまきなど。【七輪】土でできた移動式のコンロで、燃料は木炭。【障子】木のわくに、うすい紙をはって戸にしたもの。

えっ、電気もガスもないの!?

長屋の朝ごはん

P9【米びつ】米を入れておくための箱。【すりばち】内側にきざみがあるはち。すりこぎで物をすりつぶすのに使う。江戸時代にはみそしるのみそもすっていた。【おひつ】炊いたごはんを入れる木の入れ物。【行商人】町中で商品を売り歩く商人。荷物をてんびん棒につけるなどしてかつ

長屋の台所をのぞいてみよう！

● どんな道具があるのかな？

江戸時代の台所にはガスも水道も電気もありません。食事のしたくはどのようにしていたのでしょう。

長屋の台所にあるのはかまどと流しだけです。かまどでは、まきだけでなく、材木や雑木の切れはし、使えなくなったぞうきんなど、燃える物はなんでも燃料に使いました。だからゴミはほとんど出ませんでした。

水は外にある井戸からくんできて、大きな水おけや水がめにためておいて使いました。そのほか台所には、米びつやなべ、釜、ざる、すりばち、おひつ、包丁やまな板などの道具がありました。ガスや水道や電気がなくても、江戸の人びとはある物をうまく活用していたのです。

● ごはんのメニューは？

江戸時代のメニューは、米がメインでした。人びとは、日に3度、米を食べるのを楽しみにしていました。朝はごはん、みそしる、漬物などが中心でした。おかずには、季節の野菜や魚、とうふなどをかんたんに調理して食べていましたが、江戸のような海岸の町では、魚を食べることが多かったようです。食事は銘々ぜんというひとりずつのおぜんで食べました。

● 冷蔵庫がなくてもこまらない？

江戸時代には、なま物はいたみやすいので、買いおきできませんでした。貝や魚、とうふなどは毎日売りにくる行商人から、その日に必要なぶんだけ買いました。

では、漁師や農民は、魚や野菜がたくさんとれたときは、どうしていたのでしょう。魚も野菜も太陽や風にあてて干すと長持ちします。魚の干物や、干ししいたけ、切り干し大根などは今でも食べていますね。つくだ煮や塩漬けにして保存することもあります。たくあんは大根を干して、塩漬けにした物なので、長く保存ができます。

みかんの皮を捨てないで、入浴剤を作ってみましょう。

● 用意する物
◎ 食べ終わったみかんの皮（3個で1回ぶん）、もめんの布（ハンカチなどでもよい）、輪ゴム

■ 作り方と使い方
① みかんの皮はてきとうな大きさにちぎります。
② 重ならないようにならべて日なたで1週間くらいよく干します。からからになるまで干しましょう。
③ こぼれないように布で包み、輪ゴムでとめて、ふろに入れます。お湯をはる前、またはわかす前から入れましょう。

ぎ、売り声を上げていくことが多い。

江戸の人びとはきれい好き！

●江戸流のそうじ法って？

そうじの基本は、はたく、はく、ふく。家の中のそうじは、古い布や紙で作ったはたきでほこりをはらい、竹や草でできたほうきではいて、ゴミはちりとりで集め、燃える物は煮炊きのとき、かまどで燃やしました。ふきそうじは、古い手ぬぐいなどをぬって作ったぞうきんを使い、水ぶきしました。電気そうじ機がなくても、こまりませんでした。

年に1度、12月13日には大そうじをしました。室内のすすはらいをし、畳を上げてたたいたりしました。

●洗濯はどうしていたの？

長屋では、水道は共同の井戸までしかきていません。洗濯は井戸ばたでしました。女の人たちは洗濯をしながらおしゃべりを楽しみました。

洗濯には、たらいを使います。手でゴシゴシ洗い、井戸から何度も水をくんですすぎ、すべて手でしぼる、たいへんな仕事でした。洗剤は灰汁を使いました。灰汁は自然のものなので、洗濯したあとの水は、地面にまいたり、植木にまいたりできました。

●みんなおふろが好きだった？

江戸時代はよほど身分の高い人の家以外にはふろはありませんでした。そこで、ほとんどの人は、湯屋という、今でいう銭湯に通いました。湯屋は早朝から暮六ツごろまであいていて、毎日入る人もいました。石けんは作られておらず、ふつうの人は米ぬかを入れたふくろやへちまで体をこすってよごれを落としました。髪は、海藻のふのりなどで洗いましたが、女の人は髪を家で洗うことが多かったようです。

みんなで共同のふろを使うくらしは、それぞれの家でふろをわかしたり、シャワーをあびたりするより、ずっとむだのない生活でした。

- おばあちゃんは、子どものころ、何で髪や体を洗ったの？
- わたしが子どものころは、ちょうど戦争中でね、いろんな物がなかった。それで、石けんのかわりに、さいかちという植物を使ったことがあるよ。実をもむと泡が出るの。（宮城県　昭和9（1934）年生まれ　75歳）

白米にするときに出る粉。これで洗うと肌がしっとりする。【ふのり】食用や育毛剤、のり、着物をむらなく染めるためにも使われた。【さいかち】マメ科の樹木。実は洗浄成分をふくむので、昭和20年代ごろ（1950年前後）までは、石けんがわりに使われていた。

へえ～、太陽といっしょにくらすんだ！

早起きは三文の徳！？

1 けえったぞ～ / いい湯だった～ / ごはんできてるよ

2 よーし、三太郎！うでずもうでもするか？ / わーい

3 ごはんもすんだし、早く寝な / 「早起きは三文の徳」っていってね / なに!! 三文のとくーう!?

4 1日三文もらえれば、ひと月でえっと、ムニャムニャ… / 三文もらったら何買おう…

5 母ちゃん、早く起きたどー / 三文くれよ、三文 / う～～ん、なんなのよ～

6 おれも早起きだぞー！三文くれ～!! / おくれ！ / なんなのよ～、ふたりとも!!

P12【早起きは三文の徳】早起きするとよいことがある、という意味のことわざ。「徳」は「得」とも書く。早起きすると三文もらえる、という意味ではない。【文】お金の単位。1800年ごろは、およそ6000文が1両。

江戸のくらしは、おてんとうさまとともに！

●日がしずんだら長屋はまっ暗？

　江戸時代には電気はなく、ろうそくはありましたが、とても高価で、長屋の人びとは使えませんでした。長屋で使われたのは行灯です。
　行灯は油にひたした灯心に火をともして、紙をはった木のわくでかこった明かりで、ろうそくよりもずっと暗いものでした。しかも、菜種からしぼった油は米より高く、長屋の人びとが使えるのはイワシなどからとった油だったので、においもひどいものでした。
　そこで、人びとは急ぎの仕事があるとき以外は、暗くなったら寝てしまうのがふつうでした。そのかわり、朝は夜明け前には起きて、明るくなったら活動を開始しました。

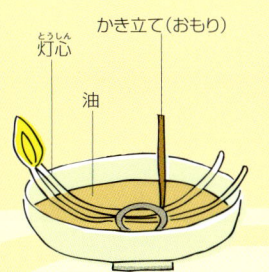

灯心を安定させるために、かき立てでおさえる。

●時刻はどうやって知ったの？

　江戸時代、時計はまだめずらしい物で、長屋の人びとは持っていませんでした。では、どうやって時刻を知ったのでしょう。
　人びとは経験から、明るさや暗さ、太陽の位置などでおよその時刻がわかったので、生活にこまりませんでした。それに、江戸では1刻（約2時間）おきに、市中に何か所かあった「時の鐘」をついて時刻を知らせました。明六ツから暮六ツまでを昼夜それぞれ6等分したので、1日は12刻でした。ですから、昼間が長い夏と短い冬とでは、1刻の長さがちがってきます。昼間の長い夏にははたらく時間も長くなりました。
　太陽の動きに合わせたこのような生活は、太陽光を最大限利用する、省エネ生活といえるでしょう。

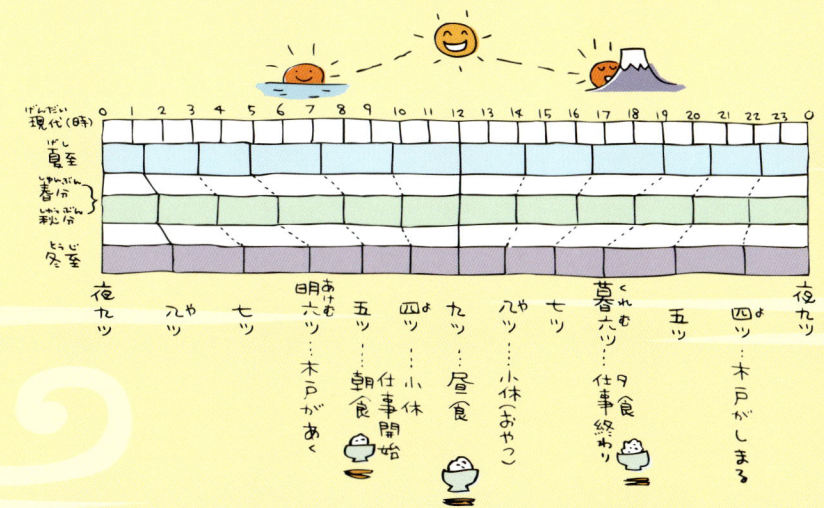

おじいちゃんが子どものとき、暗くなったらどうやって出かけたの？
わしの子どものころは、どこでも歩いて出かけたなあ。夜になるとちょうちんをともして歩いたよ。懐中電灯なんて買ってもらえなかったからなあ。
（栃木県　昭和15(1940)年生まれ　69歳）

P13【おてんとうさま】太陽のこと。【行灯】石油ランプが広まる明治時代の中ごろ（1900年ごろ）まで、江戸のような都会では行灯が明かりの中心だった。

チャレンジ道場 江戸流エコぐらし

太陽とともにくらしてみよう
江戸時間で起きる、昼を知る、寝る

　江戸の人びとのように、時計なしで生活するには、太陽の動きをよく知ることです。自分の家の近くで東西南北を調べ、太陽がどこからのぼって、真南にくるのはいつか、どこへしずむか、よく観察してみましょう。「7時だから起きよう」ではなく、「明るくなってきたから起きよう」、「12時になったからお昼を食べよう」ではなく、「太陽が真南にきたから、お昼にしよう」、「暗くなったから、きょうの仕事はおしまい」と、行動するのが江戸時間のくらし方です。

　江戸時間にチャレンジするのは、夏休みに入ってすぐと、冬休みに入ってすぐがおすすめです。1年のうちで昼がいちばん長くなる夏至（6月22日ごろ）に近い日と、いちばん短くなる冬至（12月22日ごろ）に近い日の2回チャレンジしてみると、同じ1日が季節によってどうちがうのかよくわかります。家族みんなでやってみましょう。

電灯もテレビもつけずに夜をすごしてみよう
ろうそくの明るさを知る

　ろうそくの明かりで、文字が読めるでしょうか。明かりからどれくらいはなれると、読めなくなるでしょうか。人の顔は見えるでしょうか。家にあるろうそくが、どれくらいもつのかを知るために、時間を決めて、ろうそくの減りぐあいを調べてみるのもいいですね。ろうそくで生活したら、どんなところがふべんで、どんなところがよいか、体験してみましょう。

【ろうそくを使うときの注意】
・必ずおとなの人がいるときにしましょう。
・平らで、燃えにくいテーブルなどの上で使いましょう。
・まわりに燃えやすい物をおかないようにしましょう。
・風のない場所で行いましょう。
・使い終わったら、吹き消し、火が消えたことを確認しましょう。

最後まで使いきるくふうをしてみよう
古タオルのぞうきん作り

●用意する物
◎古タオル1枚、ぬい針、まち針、もめん糸、はさみ

■ぞうきんの作り方

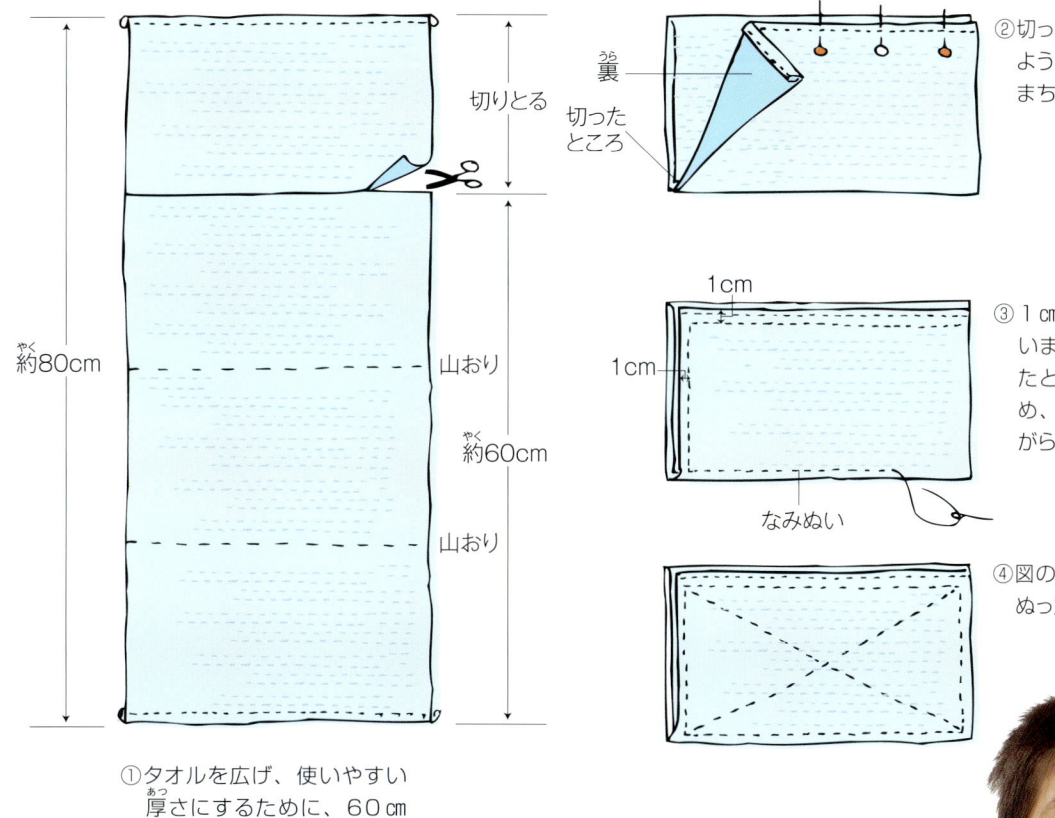

①タオルを広げ、使いやすい厚さにするために、60cmくらい残し、あとは切りとります。

②切ったところが中にくるように、三つおりにし、まち針でとめます。

③1cm内側をぐるりとぬいます。まち針でとめたところからぬいはじめ、まち針をはずしながら、ぬい進めます。

④図のように、角から角へぬったら、できあがり。

■ぞうきんの使い方
　ぬらしたぞうきんはしっかりしぼって使います。表も裏も使ったら、バケツの水ですすぎます。使い終わったら、よくすすいで、しぼり、干しましょう。こうして何度も使ううちに、ぞうきんは手になじみ、使いやすくなります。ぼろぼろになったら、捨てる前に、網戸や自転車のような、土でよごれた物などをふきましょう。

まとめでござる

「いもむしころころ」という遊びをする子どもたち。(『江戸府内　絵本風俗往来』より)

早寝早起き、体を動かす。

　徹底した省エネをすれば、ひどい生活になるのではないかと、みなさんは思うかもしれませんが、けっしてそんなことはありません。食事は今の日本食とほとんど同じで、野菜や魚などのおかずでお米のご飯を食べ、味噌汁を飲むのがふつうでした。電灯がなく、菜種油などを燃やす暗い行灯しかないので夜は早く寝ましたが、そのかわり朝は早く目が覚めます。自然に早寝早起きになるので、とても健康的なエコライフでした。

　おとなは物を作ったり、品物を運んだり売ったりして働きますが、江戸時代には電気や石油で動く機械がなかったため、すべて自分の力でやらなくてはなりませんでした。これも今から考えれば大変そうですが、江戸の人びとにはあたりまえのことでしたから、不満にも思わずにせっせと体を動かしました。江戸のように大きな町が、エネルギー消費なしですべてを運営できるエコ都市だったことは、今では信じられないほどです。

　子どもたちのくらしものどかで、今と同じように、7歳ぐらいから近所の塾へ毎日通って読み書きや計算などを習いました。こういう塾のことを一般に「寺子屋」と呼びますが、江戸では「手習い」といいました。手習いでは宿題など出ないので、家に帰ると年の近い仲間が集まって、日がくれるまでいろいろな遊びをします。江戸の人びとの大部分が住んでいた裏長屋はせまいので、家の中で遊ぶことは少なく、ほとんどは外での遊びでした。

石川英輔

第2章
江戸はまるごと省エネ構造！

まだガスや石油といったエネルギー資源が使われていなかった江戸時代、扇風機やエアコン、ストーブはもちろんありません。
江戸の人びとの快適にすごすためのくふうとは、いったいどんなものだったのか、見てみよう！

わあ、町がすずしそう！

町はすずしく、恋は熱く

P18【打ち水】道や庭に水をまいて、ほこりをおさえ、暑さをやわらげる。【べっぴん】美人のこと。
P19【綿入れ・どてら】裏地をつけて、中に綿を入れた着物のこと。どてらは大きめに仕立てた物で、ふとんとしても使った。【火ばち】陶器製や金

エアコンなしだって、暑さ寒さもなんのその！

●暑い夏をどうやってのりきったの？

エアコンも冷蔵庫も、それを動かすエネルギーもないときに、暑い夏をのりきるには、どうすればよいのでしょう。江戸の人びとの夏のすごし方がまさにその答えです。

まずは、うちわや扇子であおぎました。自分であおぐのだから、電気エネルギーはかかりません。それでも暑いときは、行水をしました。裏長屋は、窓がなく風通しが悪かったので、川辺や水辺に出かけたりもしました。体を冷やすくふう以外にも、のき下に風鈴や虫かごを下げて、耳からもすずしさを楽しみました。

●町が今よりすずしかった？

江戸の町は、家は木造、道は土でした。コンクリートやアスファルトのように熱がたまらないので、今の東京などとくらべれば、町の温度も低く、日がくれると暑さもやわらぎました。暑い昼間には、道や庭に打ち水をして、温度を下げました。これがアスファルトだと、水はしみこまずに蒸発してしまい、打ち水をしてもあまり温度は下がりません。

●寒さをのりきるにはどうしていたの？

江戸の人びとがまっ先にしたのは、厚着です。着物を1枚よぶんに着たり、綿入れ、どてらなどを着ました。それらの着物は、夜はふとんの上にかけて寝ました。江戸の人びとは、重ね着の効果を経験としてじゅうぶんに知っていました。

それでも寒いときは、火ばちやこたつといった暖房器具を使いました。どちらも木炭がエネルギー源です。木炭は雑木林から切り出した木をむし焼きにした燃料です。雑木林は地域の人びとが協力して作った、燃料の畑のようなものでした。

エアコンのスイッチを入れる前に

寒いときは、部屋をあたためる前に、江戸の人びとを見習って1枚多く着てみましょう。何を着るとどれくらいあたたかく感じるでしょうか。体感温度の変化をいくつかの例で見てみましょう。厚着をすることで、エアコン暖房の使用時間を1日1時間短くできたら、年間で約10ℓの原油が節約できます。（設定温度20℃の場合）

- ●フリースジャケット1枚で　2.2℃上がる
- ●ソックスをはくと　0.6℃上がる
- ●さらにスリッパをはくと　0.6℃上がる
- ●スカートをパンツにかえると　2.9℃上がる

（2009年3月時点　一般財団法人　省エネルギーセンター　ホームページより）

属製、金属で内ばりした木製の道具で、灰を入れた上に、炭火をのせて、手をあたためたり、湯をわかしたりする。【こたつ】長屋の人びとが使ったのは置きごたつ。木で組んだわく（やぐら）の中に、灰と炭火を入れた容器をおき、ふとんをかけて使った。

えっ！産地が近いと省エネになる!?

灯台もと暗し

P20【灯台もと暗し】灯台（ろうそく立て）のすぐ下が暗いように、身近すぎてかえって気がつかないこと。
P21【年貢】農民が米などでおさめた税のこと。【青物市場】農家から野菜を仕入れて八百屋におろすための市場。いちばん大きな神田市場のほ

江戸の人びとは元祖「地産地消」だった！

●江戸の人びとが食べる米や野菜はどこでとれたの？

今は、全国各地から、また海外からも食べ物が運ばれてきます。食べ物は、遠くから運ばれてくればくるほど、運ぶためにエネルギーを使ったことになります。逆に、地元でとれた物を地元で消費すれば、運ぶためのエネルギーを使わずにすみます。これを「地産地消」といいますが、江戸の人びとのくらし方は、まさに地産地消でした。

主食である米は、農民が払う年貢として、全国から江戸に集まりました。野菜は江戸の近くの農村で作られた物が、毎日運ばれてきました。神田には大きな青物市場もありました。農村といっても、今でいう東京23区内で、豊島、足立、葛飾などは代表的な産地でした。小松菜(今の江戸川区小松川あたり)や、練馬大根(今の練馬区あたり)、谷中しょうが(今の台東区谷中あたり)などは、江戸時代の産地の名前が残った野菜です。

●魚はどこでとれたの？

江戸では人びとが食べる魚も地産地消でした。江戸湾(東京湾)では、タイ、カレイ、アナゴ、エビ、カニ、ハマグリ、アサリなど、江戸の人びとが食べるのにじゅうぶんな量の魚や貝がとれ、これらは江戸の前の海でとれるので、江戸前とよばれました。魚は魚河岸で売り買いされました。魚屋はここで仕入れ、てんびん棒でかつぐなどして、売りにいきました。

当時、冷蔵庫はありませんでしたが、海に大きないけすを作り、魚を生きたまま入れておいて、必要なときに売るくふうもしていました。

産地をチェック！

みなさんがいつも食べている物は、どこから運ばれてきた物でしょうか。食料品を選ぶときは、産地チェックをしてみましょう。たとえば、パンなどに使われる小麦は90％近くが輸入品で、その多くがアメリカ産です。アメリカからの輸送距離は1万km以上あります。これが北海道産の小麦なら、東京までの輸送距離は10分の1以下で、省エネにつながるのです。「このかぼちゃ、ニュージーランド産だ」「このサケはノルウェーからきたんだ」。世界地図に調べたことを書きこんでみると、毎日食べる食料品が、びっくりするほど遠い国からきた物が多いことがわかります。

輸送距離をくらべてみる(東京までの距離)

品名	国産品		輸入品	
小麦	北海道産	831km	アメリカ産	11000km
牛肉	北海道産	831km	オーストラリア産	9847km
かぼちゃ	北海道産	926km	ニュージーランド産	9145km

大地を守る会　フードマイレージ　http://www.food-mileage.com/

かにも、京橋など各地にあった。【魚河岸】漁師から魚を仕入れて、魚屋におろすための市場。日本橋の魚河岸が有名だった。

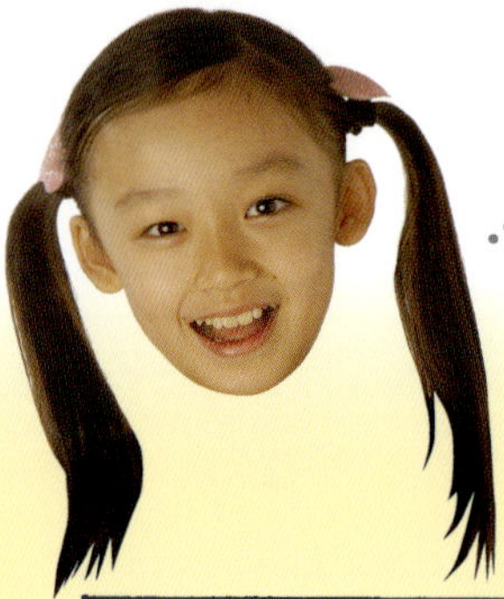

すべては太陽エネルギー？

おてんとうさまのせい？

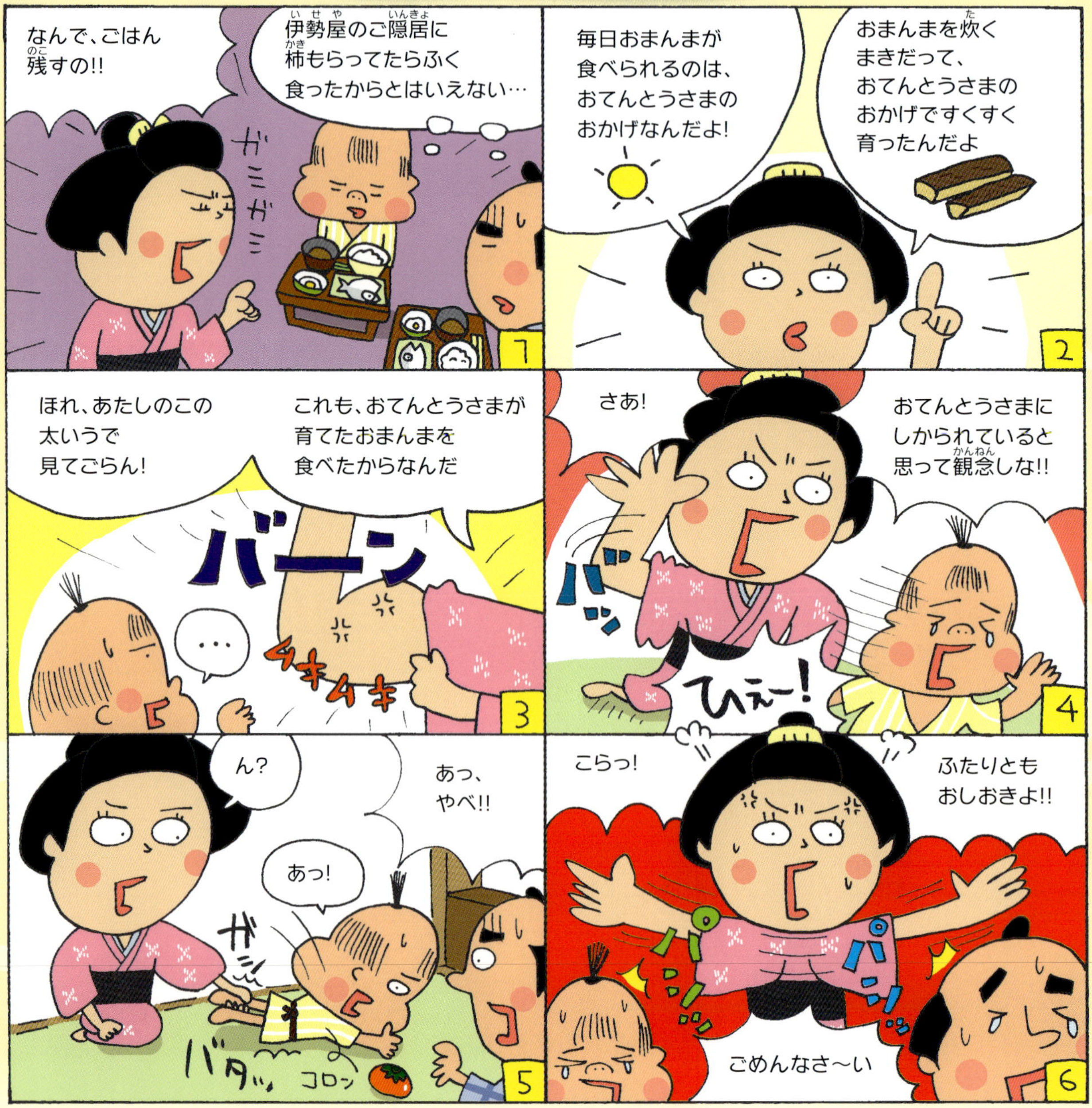

1. なんで、ごはん残すの!! / 伊勢屋のご隠居に柿もらってたらふく食ったからとはいえない…

2. 毎日おまんまが食べられるのは、おてんとうさまのおかげなんだよ！ / おまんまを炊くまきだって、おてんとうさまのおかげですくすく育ったんだよ

3. ほれ、あたしのこの太いうで見てごらん！ / これも、おてんとうさまが育てたおまんまを食べたからなんだ

4. さあ！ / おてんとうさまにしかられていると思って観念しな!!

5. ん？ / あっ、やべ!! / あっ！

6. こらっ！ / ふたりともおしおきよ!! / ごめんなさ〜い

P23 【かご】客がすわる部分を長い棒につるして、前と後ろでかつぐ乗り物。ふつう2人でかつぐが、急ぎのときは3、4人で交代でかついだ。【街道】もっとも有名なのは五街道で、東海道・中山道は京都まで、日光街道は日光（今の栃木県日光市）まで、奥州街道は三厩

人力の源は太陽エネルギー！

●太陽エネルギーだけで生活できる？

江戸時代は、ほとんどが前年かせいぜい2年前の太陽エネルギーでくらしていました。ほぼ全部の製品が太陽エネルギーが育てた物でできていたからです。行灯の油も、前年の太陽エネルギーが作った菜種油やイワシ油でした。ろうそくのろうも、前年になったはぜのきの実を使っていました。

江戸時代の動力はほとんど人力でした。江戸の人びとのエネルギー源は、米です。米も前年とれたものが大部分なので、人力も前年の太陽エネルギーでできているといえます。

●遠くへいくときはどうするの？

江戸時代には、人びとはどこへいくのも歩くのがあたりまえでしたが、ふつうの人が利用できる乗り物には、かごや舟がありました。舟といっても、風と人の力で動かす物です。かごももちろん人力です。つまり、太陽エネルギーだけを使う移動手段です。

江戸の人びとの楽しみといえば、お花見。今のように桜だけでなく、ほぼ1年じゅう、いろいろな名所に出かけ、ぼたん、しょうぶ、梅など、さまざまな花を楽しんでいました。花の名所にいくのももちろん歩きです。江戸の町は、1里(約4km)ほど歩けば、いろいろなところへいけました。郊外へのハイキングでも2里(約8km)ほどでした。

江戸時代には、日本橋から各地へむかう街道が整備され、旅や移動がしやすくなりました。江戸の人びとが一生に1度はいきたいとあこがれたのが、伊勢神宮(今の三重県伊勢市)に参拝する「伊勢参り」です。旅のとちゅうで、大坂(今の大阪)や京都などにも立ちよるため、日に30km以上歩いても、2、3か月はかかるたいへんな旅でしたが、当時の人びとは大いに楽しみました。

(今の青森県東津軽郡外ヶ浜町)まで、甲州街道は下諏訪(今の長野県諏訪郡下諏訪町)まで通じていた。

江戸流エコぐらし

江戸のべんりモノ、手ぬぐいを使ってみよう

たった1枚で江戸気分!

●手ぬぐいって何?

手ぬぐいは、幅が約1尺1寸5分(約35㎝)、長さ約2尺8寸(約85㎝)のもめん製の布で、さまざまなもようが染められています。江戸時代に広く使われるようになりました。タオルと同じようなサイズですが、ふろで使うだけではなく、いろいろな目的に使われました。

●なんで、両はしがぬってないの?

江戸時代の手ぬぐいは、両はしは切りっぱなしでぬってありません。その理由のひとつは、かわきやすいこと。もうひとつは、手でさきやすくするためです。包帯がわりにするときや、げたの鼻緒を修理するときなどに、細くさくのにべんりだからです。

●最後まで使いきって!

江戸の人たちは、やぶれるまで使った手ぬぐいを、さらにぞうきんやはたきにして使いきり、最後はかまどの燃料にしました。

手ぬぐいは、使っていくうちにやわらかくなり、手になじんで使いやすくなります。今も、さまざまなもようの手ぬぐいが作られています。いろいろ使って、江戸気分を楽しみましょう。

江戸の人たちは、こんなふうに使っていたよ!

ふく
あせをふいたり、手をふいたりしました。今のハンカチと同じです。

ふく
ふきんとして、食器や食卓をふいたりしました。

かぶる
頭にかぶり、髪がみだれたり、よごれるのをふせぎました。

まく
首にまいて、暑い日にはあせをとり、寒い日にはマフラーのように使いました。

かける
ふとんのえりカバーや、着物にもえりのようにかけて、よごれをふせぎました。

包む
おべんとうや小さなものを包みました。

かぶせる
手ぬぐいは風をとおすので、おひつなどのふたがわりにかぶせました。

さいて使う
はしからさいて、包帯やひものかわりに使いました。

地元でとれる物を調べてみよう、食べてみよう

わたしたちはふだん、米、野菜、いもや豆、果物、タマゴ、肉や魚など、いろいろな食品を食べています。それらを生み出す田や畑、果樹園、魚があがる漁港、ニワトリやブタ、ウシをかっているところが、自分の地域にあるでしょうか。クラスのみんなで手分けをして、自分たちの地域の食の地図を作ってみましょう。それらがどこで買えるのかも、調べてみましょう。もし買うことができたら、ぜひ食べてみましょう。

わからないときには、農家の人や漁師さんに聞いてみましょう。役所の農林水産課などで聞いてもいいですよ。

1時間歩いたらどこまでいける？

家の近くを探検!

自分の家から1時間歩いたことがありますか。1時間歩くと、どこまでいけるでしょう。自転車でもいいです。実際に歩いたり、自転車に乗っていったところを、地図でチェックしてみましょう。小学生のうちはおとなといっしょに行動しましょう。

いちばん近い駅までなら15分、つぎの駅まで歩くと、さらに20分といった、自分の家を中心にした地図を作りましょう。

休日に、家族で家の近所を徒歩や自転車で探検してみましょう。新しい発見がきっとありますよ。

まとめでござる

ひたすら歩く旅人。
遠くへ行くのも徒歩があたりまえだった。
(『伊勢神宮名所図会』より)

江戸のくらしは、すべてがエコ。

　今では細い道でも舗装しますが、江戸は大通りでも石を敷きつめたりせず、土に砂利を入れてかためるだけでした。江戸時代にも石畳という舗装はありましたが、舗装をすると夏の日ざしを受けて熱くなりすぎてしまいます。土のままでは雨が降ると道がぬかるみますが、人や馬が歩くだけなのであまり困らないし、夏でも打ち水をするとよくしみ込んで涼しくなります。また、日がくれるとすぐに地面の温度が下がり、熱帯夜にはなりません。舗装しないことが省エネになっていたのです。

　自動車のない世の中は不便なようですが、良いこともありました。どこへ行くにも歩くほかない代わりに、運動不足にはなりません。また、大気の中のCO_2(二酸化炭素)が増えたり、自動車事故が起きたりする心配もありません。自動車も電車もないと、ふだんの生活では遠くへ出歩けないけれど、そのぶん近所には顔見知りの人が多いため治安が良く、江戸にはお巡りさんが12人しかいませんでした。

　また、穀物は別として、食べ物の大部分は江戸産でした。江戸の面積の半分は農地だったので、野菜はすべて近くから小舟や馬の背につんで運べました。また、今の東京湾には魚がたくさんいたため、日本橋にあった「魚河岸」という魚市場に、手こぎの舟だけで充分な魚を集めることができました。

　このように、電力や石油などのエネルギーなしでも、昔の人はとくに困ることもなくくらしていられたのです。

石川英輔

第3章
省エネ生活 はじめの一歩！

江戸時代、人びとはさまざまなくふうをして、今とはちがう豊かさをもってくらしていました。江戸の人びととまったく同じ生活をするのはむずかしいけれど、江戸の人になったつもりで、今のくらしを見つめなおしてみよう！

今の自分にできることは？

持っている物は最後まで使う

　江戸の人びとは、食べ物も道具もほんとうに大切にしました。よけいな物は持たない。最後まで使いきる。これが江戸の人びとのくらし方です。

　みんなの持っている物では、えんぴつや消しゴムやノートなど。たとえば、えんぴつは電動のえんぴつけずりでけずれなくなったら、小さな手まわしえんぴつけずりを使ってみましょう。短くて書きにくくなったら、えんぴつホルダーをつけて、長くして使いましょう。

水道の水を出しっぱなしにしない

　江戸時代は、それぞれの家の中まで水道がきていなかったので、使う水は井戸からくんできて、ためておかなければなりませんでした。もし、今、気にせずに使っている水を井戸からくむとしたら、どれくらいたいへんなのでしょうか。ちょっと実験してみましょう。

　からの1ℓのペットボトルを用意します。水道を出します。ペットボトルがいっぱいになるのに何秒かかるかはかります。もし5秒だったら、1分間出しっぱなしにすれば、12ℓの水を流していることになります。つぎに、手洗い、ふろなど水道を流している時間を合計し、何ℓ流したか計算します。江戸時代、つるべで1度にくめる水は約10ℓです。いったい何杯ぶんになるでしょう。水やお湯の出しっぱなしは、水資源をむだにするだけでなく、江戸時代だったら、それだけ労働がふえたことがわかりますね。

エネルギーをむだにしない

　江戸の人びとは、電気も石油もガスもなしでくらしていました。究極の省エネといえます。その気になればわたしたちにもできるはず。といっても、むずかしいですね。せめて、むだなエネルギーを使わないようにしてみましょう。

だれもいない部屋の照明器具は消す

　部屋を出るときには、電灯を消しましょう。白熱電球の消費電力はとても大きいので、買いかえのときは、電球形蛍光ランプにとりかえると、省エネになります。

エアコンをつけるときは、設定温度に注意する

　暑い時期は、直射日光が部屋に入らないよう、すだれをかけるか、カーテンをしめましょう。エアコンで冷房するときは、設定温度を28℃に。寒い時期は、あたたかい空気がにげないよう、厚めのカーテンにしましょう。エアコンで暖房するときの設定温度は20℃です。

見ないときはテレビを消す

1日1時間テレビをつける時間を減らすとどうなるか

プラズマテレビ（42インチ）の場合
原油で年間
約14.26ℓの省エネ

液晶テレビ（32インチ）の場合
原油で年間
約4.23ℓの省エネ

一般財団法人 省エネルギーセンター　家庭の省エネ大事典2012年版より
http://www.eccj.or.jp/dict/

自然や身近にある物を大いに利用する

木かげを作ったり、すだれをかけたり、朝顔を植えたりすることは、江戸時代から行われてきた暑さをのりきる知恵でした。必要なエネルギーは人の力だけです。

それと同じことが、緑のカーテン作りというかたちで、各地で広がっています。熱をたくわえやすいコンクリートの建物のまわりに、暑い夏にぐんぐんのびて、日ざしをさえぎる、つる性の植物を育てようというとり組みです。もちろん、木造の建物でも効果があります。

どんなふうに行うのか、どれくらい効果があったのかを紹介しましょう。

> えっ、10℃もちがうの?

緑のカーテンのあるところとないところの温度のちがい

東京都板橋区立板橋第七小学校の例

データ提供:株式会社リブラン（2004年8月31日）

場所	緑のカーテンがない	緑のカーテンがある
バルコニー	39.2℃	34.0℃
バルコニー側室内	41.5℃	31.3℃
ろうか側室内	27.5℃	27.8℃

＊窓をしめきった状態で測定。窓をあけて風がとおると、温度差はちぢまります。しかし、緑のカーテンのあるところのほうがずっとすずしく感じられます。
＊くわしくは、NPO法人 緑のカーテン応援団
http://www.midorinoka-ten.com/

●東京都板橋区立高島第五小学校での緑のカーテンのとり組み（2008年）

植えつけ（5月1日）
つるをはわせるためのネットの近くにヘチマ、遠い場所にキュウリ、その間にゴーヤーを植えました。

緑のカーテンになりました（9月3日）
1階から4階のベランダまでとどくほどになりました。実ったゴーヤーはきゅう食の一品に。

温度をはかる（9月10日）
緑のカーテンのあるところとないところの温度などをはかりました。

◆環境を調べるのに役立つウェブサイト

環境省 こどものページ
http://www.env.go.jp/kids/
『こども環境白書』の最新版が読めます。「調べよう」のページでは、環境問題について調べ学習に役立つウェブサイトの紹介もあります。

こどもエコクラブ（環境省）
http://www.j-ecoclub.jp/
こどもエコクラブは、子どもがだれでも参加できる環境活動クラブで、環境省が応援しています。全国で2,146クラブ、100,909人の子どもたちが登録・活動しています（2015年1月現在）。エコ活動をはじめるときに役立つ情報が紹介されています。

このゆびとまれ！ エコキッズ（一般財団法人 環境情報普及センター）
http://www.eic.or.jp/library/ecokids/
身近な環境のことを学べる、小学生向けのウェブサイトです。

いま地球がたいへん！（独立行政法人 国立環境研究所）
http://www.nies.go.jp/nieskids/
地球の温暖化や大気汚染など、地球環境の問題に関する記事がたくさんのっています。

経済産業省 KID'S PAGE
http://www.meti.go.jp/intro/kids/
環境、エネルギー、リサイクルなどについてくわしく説明しています。世界や日本でのエネルギーの使用量や、エネルギーの原料があとどれくらい残されているのかなどもわかります。

地球を守る（公益財団法人 日本科学技術振興財団）
http://kankyo.jsf.or.jp/
地球環境問題を絵本でわかりやすく解説しています。

小学生のための環境リサイクル学習ホームページ（一般社団法人 産業環境管理協会 資源・リサイクル促進センター）
http://www.cjc.or.jp/j-school/
リサイクルをとおして資源や環境のことを学べます。

Yahoo!きっず学習 環境
http://kids.yahoo.co.jp/study/environment/
授業や宿題で使える環境に関するコンテンツの紹介とともに、ゲームやマンガをとおして環境を学べるウェブサイトです。

お江戸クイズ

Q1 江戸は、どこにあったでしょう?
①今の千葉県　②今の横浜市
③今の東京都　④今の水戸市

今の皇居は、太田道灌が1457年に築いた江戸城のあと地です。江戸城を中心に、江戸の町が造られました。江戸の市街地は、今の東京にくらべるとかなりせまく、東京23区よりもずっと小さかったのです。

答えは③

Q2 江戸幕府を開いたのは、だれかな?
①織田信長　②豊臣秀吉
③徳川家康　④坂本龍馬

1590年に江戸城に入った徳川家康は、江戸城を中心に城下町を築き、1603年に江戸幕府を開きました。

答えは③

Q3 江戸時代は何年つづいたでしょう?
①約150年　②約200年
③約250年　④約300年

1603年に江戸幕府が開かれ、1867年に天皇に政治の権力を返還するまでの265年が江戸時代。そのあとは明治時代となります。江戸時代に人びとが人間の力で行っていた生活は、あらゆるものが機械化されはじめる昭和30年代の前半(1960年ごろ)までは、日本の各地に残っていました。

答えは③

Q4 江戸の人口は?
①約10万人　②約100万人
③約1000万人　④約1億人

江戸の人口は1720年ごろで、100万人以上。この人口は、そのころの世界の都市の中でもトップでした。日本全体の人口は、約3000～3100万人とされています。ちなみに、現在の東京都の人口は、約1290万人(2008年9月1日現在推計)です。

答えは②

Q5 江戸時代の人の平均寿命は何歳くらいだったでしょう?
①30歳代　②50歳代　③70歳代

江戸時代は赤ちゃんや子どもの死亡率が高かったために、平均寿命は30歳代後半といわれています。しかし、平均寿命は短くても、60歳すぎまで生きる人もめずらしくなく、80歳代、90歳代と長生きした人もいました。

答えは①

Q6 1両って、今のいくらぐらい?
①約1万円　②約10万円
③約50万円　④約100万円

江戸時代でも時期によって、1両の価値は変わっていきましたが、1両は今のお金で、およそ10～20万円とされています。1両は4000～6000文ぐらい。長屋住まいの大工さんの1か月のかせぎは、2両ほどでした。

答えは②

まとめでござる

稲刈りと脱穀。
米の収穫作業に精を出す人びと。
(『北斎漫画』より)

江戸時代に学べるか？

　電力と石油エネルギーなしではなにもできない今の世の中で、エコとか省エネに有効なことはほとんどないように思われます。しかし、江戸のくらし方の中には、今でもまねのできそうなことがあります。私がやっていることをいくつか紹介しましょう。

　たとえば、掃除にはほうきを使います。また、2kmぐらいまでなら、なるべくバスにも乗らずに歩きます。スーパーへも歩いて行きます。これは省マネーにもなります。食べ物では、パンを食べずに玄米を食べます。国産玄米ほど安くて運送エネルギーの消費が少なく、栄養豊富な穀物はほかにないからです。パンなどを作るための小麦は90％近くを輸入に頼っていて、運ぶために必要なエネルギーが大きいのです。同じ理由で、牛肉、特に外国産の物は食べません。戦争中に育った私は、20歳ぐらいまでほとんど肉を食べない生活をしていましたので、今でもあまり食べたいと思わないのです。

　また、野菜は産地を見てできるだけ地元産の物を買います。どんなに安くても外国産の物は買いません。往復のバス代を払わずにすめば、野菜の値段が少しぐらい高くても平気です。また、庭の小さな畑で菜っぱを作っているため、買う量がいくらか少なくなっています。それやこれやで、ざっと計算すると、私が食べる物の運送に必要なエネルギーは、日本人平均の5分の1か、10分の1ぐらいではないかと思います。

　みなさんも、江戸の人にならって省エネでエコなくらしのできそうな方法を考えてみませんか。

石川英輔

監修者紹介
石川英輔（いしかわ えいすけ）
作家。1933年京都府生まれ。1940年より、東京都中野区に住む。写真製版会社経営のかたわら、現代人が江戸にタイムスリップするSF（科学空想小説）『大江戸神仙伝』を執筆して江戸関連の著作を始めた。1985年より専業作家となる一方で、武蔵野美術大学講師として、2003年の定年まで印刷学を教えた。江戸の人びとのくらしぶりを紹介した『大江戸えねるぎー事情』『大江戸リサイクル事情』『大江戸えころじー事情』『ニッポンのサイズ 身体ではかる尺貫法』（以上、講談社文庫）など多数の著作を通じて、循環構造だった江戸時代のことを多くの人に伝えている。

江戸のびっくり 省エネ生活

図版提供：石川英輔（P4、P16、P26、P31）
写真提供：江東区深川江戸資料館（P5、P17）
　　　　　東京都板橋区立高島第五小学校（P29）

写真／杉本 文
イラスト／三本桂子
マンガ／つぼい ひろき
編集・制作／株式会社凱風企画

エコでござる──江戸に学ぶ
1の巻　江戸のびっくり省エネ生活
2009年3月31日　初版第1刷発行
2015年2月10日　　　第4刷発行

監修／石川英輔
発行者／鈴木雄善
発行所／鈴木出版株式会社
〒113-0021　東京都文京区本駒込6-4-21
電話　03-3945-6611
FAX　03-3945-6616
振替　00110-0-34090
ホームページ　http://www.suzuki-syuppan.co.jp/
印刷／株式会社サンニチ印刷
©Suzuki Publishing Co.,Ltd. 2009
ISBN978-4-7902-3217-9 C8036
Published by Suzuki Publishing Co.,Ltd.
Printed in Japan

乱丁・落丁は送料小社負担でお取り替えいたします